免精算醣分熱量×美肌纖體食材，
瘦身期必備的省時美味湯品！

瘦肚

湯

減醣

做起來超不費功的

高嶋純子 著

CONCEPT

這本書介紹的減醣湯有以下3個共通點。
再晚吃也不容易變胖、吃再多也不會有罪惡感！
以下就為各位介紹這樣的「季節風味‧瘦肚減醣湯」。

每道減醣湯的含醣量都不到40克、熱量也不到500
大卡！時間再晚也可以吃得毫無罪惡感，屬於低醣、
低熱量的湯品。

使用了大量春夏秋冬的當季食材，對身體很好的減
醣湯。充滿了做得美味可口的祕訣！

為了讓工作後回家也能馬上做好一鍋湯，書中也有
配合食材的冷凍方法及切法等準備上的技巧。

::::::::::::::::::::::::::::::: 也推薦給以下這些人 :::::::::::::::::::::::::::::::

☑ 一個人生活的人
☑ 對太晚吃飯會有罪惡感的人
☑ 想輕鬆吃到營養食物的人

☑ 懶得做飯的人
☑ 想減肥的人
☑ 再累也想好好吃飯的人

要不要展開零罪惡感、美味可口、做法簡單的減醣湯生活呀？

　　下班後，身體和腦袋都累得要死。好想吃熱騰騰又有營養的東西，可是已經沒有力氣做飯了，結果還是只能靠便利商店的飯糰打發一餐…。我特別想推薦「減醣湯」給這種人。

　　煮湯比什麼都簡單，基本上只要「切、煮」材料即可。不僅如此，因為會連同湯汁把蔬菜及肉、魚等食材一起吃光，所以能把食材的營養完整吸收進體內。特別推薦給覺得要煮1人份飯菜很麻煩的人、既想減肥又想享用美食的人、追求身體健康的人。

　　在本書裡，將為各位讀者介紹使用了大量當季食材的季節風味減醣湯。為了讓各位都能吃得津津有味又沒有罪惡感，調整成低醣、低熱量的菜單；為了讓各位都能輕鬆地搞定一餐，也標示出準備的方法及烹調的祕訣等等。正因為做法簡單，才能完整地吃光所有食材的營養與美味。請務必運用在每天的餐桌上。

高嶋純子 著

肚瘦湯減醣

晚上吃也不怕胖的

免精算醣分熱量×美肌纖體食材，
瘦身期必備的省時美味湯品！

CONTENTS

善用當季食材的
季節風味減醣湯

春季湯品 以鮮嫩的春季蔬菜
為主角的溫柔風味

夏季湯品 痛快流汗，度過炎熱夏天！
還能增強精力！！

秋季湯品

胃口大開的季節，為腸胃加油打氣

冬季湯品

面對真正的寒冷，從體內暖和起來

用剩下的食材來製作
簡單的配菜

column

不容易讓血糖上升的糯麥
最適合用來減肥了！　102

增進吃減醣湯的樂趣
用來改變味道的醬料　136

\ 三更半夜也可以吃 /

沒有罪惡感又充滿營養的
1人份減醣湯

　　這本書介紹的減醣湯全都在含醣量40克、熱量500大卡以內。因為是減醣、低熱量的食物，即使忙到三更半夜才回家吃飯，也沒有「這個時間吃東西會胖吧！」的罪惡感。

　　由蔬菜及肉、魚等主要食材構成的減醣湯本來就沒什麼會讓人變胖的要素。還可以一次攝取到食材裡內含的維生素及膳食纖維、蛋白質等等，所以也能讓人健康且毫不費力地瘦下來。只不過，要是最後跟減醣湯一起吃下太多飯或麵等碳水化合物，可能就會攝取過多的含醣量，必須特別小心。

　　這次要介紹給各位的做法把重點放在❶不需要加飯或麵就有飽足感❷連湯都可以全部喝光的調味這兩點上。

　　另外，也會為各位介紹適合這些做法的減醣食材及用來改變味道的醬料等等，請務必參考。

　　菜單裡有標準的減醣湯、也有將出國時經常吃到的特色料理加點簡單的變化。請盡情享用四季減醣湯及各種異國風味的減醣湯。

挑選食材的重點

　　這一點適用於各種料理類型，不一定要按照食譜備齊所有的食材。尤其是煮湯的時候，可以用油菜或白菜來代替菠菜、用雞肉來代替豬肉，基本上所有「煮」的料理都能拿自己喜歡的食材或冰箱裡現有的食材來代替，享受變化的樂趣。

　　只不過，食材的含醣量及熱量都不一樣，且相差甚遠。

　　例如肉類的含醣量少之又少，但霜降肉或帶皮的肉熱量很高。如果要做成低醣、低熱的減醣湯，建議選用脂肪比較少的紅肉或雞胸肉等肉類。

　　另外，不同的蔬菜，含醣量的多寡也天差地別。南瓜及馬鈴薯、牛蒡、蓮藕等蔬菜的含醣量很高，雖然可以吃，但是量要拿捏好。

　　魚貝類及菇類則是特別適合減醣、低熱量湯料理的食材。只要趁特價的時候多買一點冷凍保存，到了真的要派上用場的時候，就能成為火鍋裡的主角。

肚子有點餓或覺得不過癮的時候
可以再加入蛋或起司、堅果！

卡門貝爾起司1/6塊
（約17克）
含醣量0.1克
52大卡

水煮蛋1個
含醣量0.2克
91大卡

核桃1粒
含醣量0.2克
20大卡

美味可口

\ 隨手弄一弄就很好吃 /

製作美味減醣湯的
5大重點

以下為各位介紹迅速做出美味減醣湯的祕訣及技巧！
歡迎展開每天吃也吃不膩的減醣湯生活。

① 提早從冰箱裡拿出要用的食材

　食材愈接近常溫，就能越快煮熟。所以請提早從冰箱裡拿出來。冷凍保存的肉或魚可以在要用的當天早上先移到冷藏室，慢慢解凍，藉此縮短烹調的時間，味道也會變得更加美好。

② 食材的切法、大小、厚度要一致

　為了整體口感協調，請盡量讓切法或大小趨於一致。根莖類等需要更多時間煮熟的食材只要切成薄片，就能比較快煮熟。

③ 「煮」的時候要蓋上鍋蓋

　在湯汁沸騰時或加入食材、要把食材煮熟的時候，不妨蓋上鍋蓋，以免熱氣或香味跑掉，也能更快煮熟食材。最後掀開鍋蓋時，香味會撲鼻而來喔。

事先煮好「湯底」備用

　　做法很簡單。只要將柴魚片、昆布等浸泡在水中，放進冰箱，靜置一晚即可。花時間讓美味慢慢地釋放出來，所以沒什麼雜質，風味清爽是其特徵。

昆布高湯
水1公升
昆布 20 ～ 30 克

柴魚高湯
水1公升
柴魚片 20 ～ 30 克

香菇高湯
水 500 毫升
乾香菇
10～15克（3～4朵）

※趕時間的時候可以用已經切掉蒂頭的乾香菇來縮短時間

經過10小時左右
美味的高湯就大功告成了

大約能保存3天
冷凍的話可以保存2週左右

也可以用自來水來熬高湯。如果使用礦泉水，建議用比較容易釋放出美味的軟水

除了這些高湯以外，本書還使用了以下高湯

● 顆粒高湯（雞湯塊、高湯粉）

● 白高湯

● 沾麵醬 ※本書使用了3倍濃縮的沾麵醬

※這些高湯的鹹度皆依廠牌而異，且相差甚遠，所以請依照包裝上的指示來使用

⑤ 享受調味料及佐料的樂趣

以下介紹的是希望能盡量湊齊的調味料！只要事先掌握其各自的特徵，只要用上一點點，就能變得格外美味，風味也會變得更道地，還能讓減醣湯的味道變得更有層次。

決定風味的基本調味料

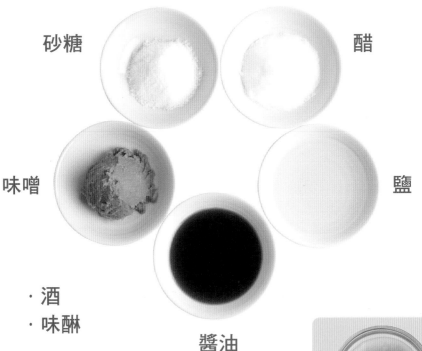

砂糖

醋

味噌

鹽

・酒
・味醂

醬油

除了砂糖、味噌、醬油、鹽、醋以外，如果有酒和味醂，還能讓味道更接近。

請不要用精製的鹽巴，而是富含礦物質及美味的天然鹽。砂糖建議使用甜味比較溫和的蔗糖或甜菜糖。也可以用味醂代替砂糖。

也可以用鹽麴代替鹽巴！鹽麴能釋放出美味，讓肉和魚都變得更好吃。

為風味畫龍點睛的調味料

調味料可以用來醃漬，也可以等起鍋前再加入，藉此增加色、香、味、辣度，讓減醣湯充滿個人風格。只要用上一點點，料理就會變得格外美味。

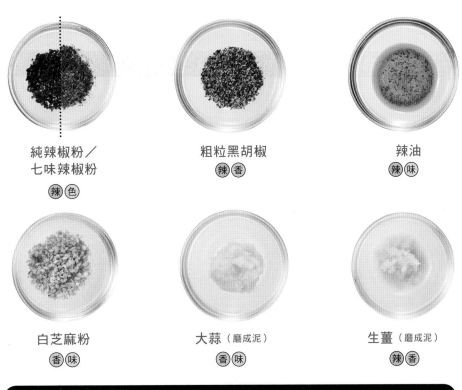

純辣椒粉／
七味辣椒粉
（辣）（色）

粗粒黑胡椒
（辣）（香）

辣油
（辣）（味）

白芝麻粉
（香）（味）

大蒜（磨成泥）
（香）（味）

生薑（磨成泥）
（辣）（香）

做成更道地的風味！＋α 的調味料

以下為各位介紹世界各國一些比較好用的調味料。有的話可以做成更道地的風味，所以請找到自己喜歡的味道，享受更美味的料理。

咖哩粉　　　韓國辣椒醬　　　豆瓣醬　　　辣椒絲　　　柚子胡椒

還有山椒粉、花山椒、魚露、月桂葉、紅椒粉（請參考P.22）等等

13

即使拖著工作結束後的疲憊身體

也能兩三下搞定的前置作業

　　每次都要買1人份的菜，每次都要準備的話實在太麻煩了，既花錢，又浪費時間。只要利用假日等比較有空的時候先買好食材、處理好、保存備用，平常日下班後就能輕鬆地完成一道料理，還能省錢，以免食材還沒派上用場就壞掉了。

基本的煮湯組合

　　將白菜及紅蘿蔔、蔥等等經常用來煮湯的蔬菜切成適口大小，分成每次要用的份量，裝進夾鏈袋裡，冷凍備用。使用的時候不需要解凍，直接丟進鍋子裡就行了。

　　事先把白菜切成一口大小、紅蘿蔔切成5公分左右的長條狀，蔥斜斜地切成1～2公分寬，還能用來炒菜或滷菜。

一次大約的份量
白菜…150克
紅蘿蔔…1/3根
蔥…1/2根
※放進冷凍庫可以保存2週左右

大蒜（切成碎末）
※放進冷凍庫可以保存1個月左右

一次大約的份量
※放進冷凍庫可以保存1個月左右

一次大約的份量
※放進冷凍庫可以保存2週左右

佐料蔬菜與香味蔬菜

　　不妨配合用途，事先處理好每次只需要使用到少量的佐料蔬菜與香味蔬菜，冷凍保存。

　　可以把切成碎末的大蒜或磨成泥的生薑薄薄地鋪在保鮮膜上，包起來備用，再切成每次要用的份量來用。佐料用的蔥花請趁新鮮切成小丁，冷凍保存。放進袋子裡很容易壓扁，所以不妨裝進盒子裡加以保存。

以配合蔬菜特性的方法保存

菇類（鴻喜菇、金針菇、杏鮑菇、舞菇等等）

菇類是煮湯不可或缺的食材。請切掉蒂頭，撕成小撮，剝散…事先處理成利於食用的狀態，放進夾鏈袋裡冷凍，要使用的時候無需解凍，即可丟進鍋子裡。

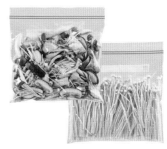

藉由冷凍的方式破壞菇類的細胞壁，還能提升美味與香氣。此外，一次用上多種菇類，煮出來的味道會更有深度，所以也建議混合裝成一袋，冷凍保存。

※放進冷凍庫可以保存1個月左右

生香菇

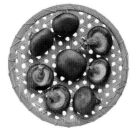

建議把生香菇放在太陽下曬乾。請分散地放在竹簍上，不要重疊，擺在陽光充足的地方，2～3天後，水分就會徹底地蒸發。因為可以煮出非常好喝的高湯，只要事先做成香菇高湯（請參考P.11），既是湯也是料。還能冷凍保存，但是因為香味很濃郁，請與其他菇類分開保存。

※置於常溫下可以保存1～2個月

豆芽菜

豆芽菜冷凍後會失去清脆的口感，所以請先用水沖洗乾淨，再和水一起裝入附有蓋子的容器裡冷藏保存。使用時只要稍微再沖一下，用竹簍瀝乾水分即可，非常簡便又好用。

※放冰箱可以保存1～2天

減醣湯主要蔬菜的冷凍保存法一覽表

　　水分比較多的蔬菜或根莖類一經冷凍，口感很容易改變，所以不妨多下一點工夫，像是先汆燙過，或是切小塊一點。冷凍蔬菜不需要解凍，直接加熱即可。

	蔬菜名	保存法
在新鮮的狀態下	菇類	撕成小撮（請參考P.15）
	高麗菜、白菜、水菜	切成一口大小
	白蔥、青蔥	配合用途來切
	洋蔥	切成碎末／切成薄片
	紅蘿蔔	配合用途來切 ※請勿切成太大的滾刀塊
	生薑、大蒜	配合用途來切／磨成泥
	韭菜	配合用途來切（請參考P.36）
	青椒、彩椒	切成細絲
汆燙	蘆筍、四季豆	切成便於食用的大小、汆燙
在新鮮的狀態下／汆燙	菠菜	切段，在新鮮的狀態下保存／汆燙後擰乾水分，切成4～5公分
	油菜、青江菜	
	花椰菜	切成小撮，在新鮮的狀態下保存／汆燙
	牛蒡	用菜刀刨成細絲，在新鮮的狀態下保存／汆燙（請參考P.72）
	秋葵	在砧板上撒點鹽，滾動搓洗，在新鮮的狀態下保存／汆燙

肉、魚要用
保鮮膜好好地包起來冷凍保存

肉和魚很容易腐敗，所以建議一買回來就要趕快處理、冷凍保存。先從袋子裡拿出來，用廚房專用紙巾擦乾表面的水漬，用保鮮膜包起來，小心不要讓空氣跑進去，再裝進夾鏈袋裡，放進冷凍庫保存。

如果家裡的冷凍庫沒有「急速冷凍功能」，只要放在鋁製或不鏽鋼的托盤上再放進冷凍庫，就能迅速結冰。

使用的時候可以從夾鏈袋的外面沖水，在半解凍的狀態下直接烹調，也可以移到冷藏室，慢慢解凍。

肉片

擺放的時候不要疊在一起，分成每次要用的份量來冷凍。

※放進冷凍庫可以保存2～3週左右

絞肉

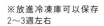

放進夾鏈袋，壓平，冷凍保存。分成每次要用的份量，事先用筷子之類的工具在袋子上畫線，每次要用的時候就掰開來使用。

※放進冷凍庫可以保存2～3週左右

切片的魚肉

擦乾水分的時候可以包在一張廚房專用紙巾裡，輕輕地從紙上按壓，吸乾水分。

※放進冷凍庫可以保存2週左右

蛤蜊

吐沙後，用廚房專用紙巾擦乾水分，均勻地裝入夾鏈袋，不要重疊，放進冷凍庫保存，不需解凍就丟進鍋裡煮。

建議買這種鍋子！

　　料理做好後，可以直接從瓦斯爐端到餐桌上，說：「我要開動了！」。
沒錯，可以把鍋子當餐具用也是1人鍋的好處。當然，各位手邊現有的鍋子
就能煮得很好吃了，但是如果要買個新的1人用鍋子，請務必參考這一頁。

陶鍋（6號）　第一次買陶鍋的話

　　陶鍋是用遠紅外線的效果讓食材從內部開始加熱，保溫性良好，放上餐桌後也能在熱騰騰的狀態下享用。利用陶土獨特的保溫特性，一個人吃減醣湯也能吃得津津有味。陶鍋通常給人用來燉煮的印象，但也可以用來煮飯、煮稀飯或煮麵！用來煮咖哩也可以煮得很好吃。

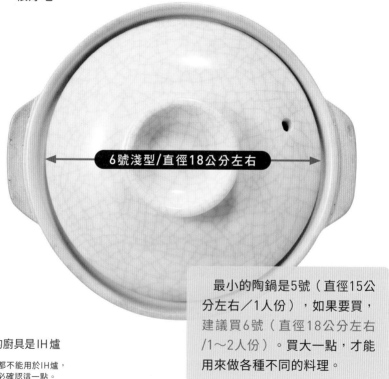

6號淺型/直徑18公分左右

　　最小的陶鍋是5號（直徑15公分左右／1人份），如果要買，建議買6號（直徑18公分左右／1～2人份）。買大一點，才能用來做各種不同的料理。

＊假如府上的廚具是IH爐

傳統的陶鍋幾乎都不能用於IH爐，
所以購買前請務必確認這一點。

也可以買這種鍋！

也能當成平底鍋

鐵鍋

熱傳導率非常高的鐵鍋可以把壽喜燒、先煎再煮的東西煮得非常美味可口。如果是1人份的小鐵鍋，還能放進烤箱，也可以用來代替平底鍋，甚至直接放在餐桌上用來代替盤子，讓餐點看起來更精緻！

便於直接端到餐桌上

單柄陶鍋

1人鍋當然不用說，單柄陶鍋也很適合用來燉東西或煮湯、煮稀飯等等。最重要的是很好拿，可以輕輕鬆鬆地拿到餐桌上，而且很好看。左圖是中國的陶鍋，也有很多日本製的陶鍋，設計琳瑯滿目，不妨試著找出自己喜歡的款式。

「砂鍋」是指烹調後可以直接當成餐具使用的鍋子，具有各式各樣的材質，右圖是以紅土製成，亦即所謂的西式砂鍋。也能用於烤箱或用來烤魚，所以使用起司製作西式火鍋時，最後要融解起司的過程會很好用。

也可以用於烤箱
單柄砂鍋

這本食譜的用法

冬

起司蒸蔬菜減醣湯
與鵲濃湯和的起司一起享用蔬菜的原味

❶

材料（1人份）

花椰菜…80克
紅蘿蔔…1/2小根
洋蔥…1/2小個
四季豆…3根
卡門貝爾起司…1/2個
蟲蟲蛋…2條
水煮蛋…1/2個

A
白酒…3大匙
白高湯…1/2大匙
水…1/4杯
橄欖油…1/2大匙

❷

做法

1 切
紅蘿蔔切成1公分寬的長條狀，
洋蔥切成1公分寬的半月形。其
他蔬菜切成便於食用的大小。

2 蒸煮
把水煮蛋以外的材料放進鍋子
裡，開火，均勻地倒入A。煮滾
後轉小火，蓋上鍋蓋，蒸煮8分
鐘左右。

3 收尾
全部煮熟後，把卡門貝爾起司放
在正中央，等起司融化就關火。
最後再加入水煮蛋。

❸
花椰菜的莖
也可以吃，
不要丟掉！

花椰菜的營養極豐富，有有大量的維生素C
及β胡蘿蔔素，所以不妨切成細絲或削成薄
片來吃。適樣的做法把花椰菜的莖藏在起
司底下。

92　晚點吃也不怕胖的瘦肚減醣湯

❹
改變味道的醬料
別具風味的醬料（P.136）

❺
含醣量 12克　熱量 495大卡　調理時間 15分鐘

❶ 材料
* 計量的單位為1小匙＝5毫升、1大匙＝15毫升、1杯＝200毫升。以上皆為平匙的份量。
* 使用的鹽是天然鹽。
* 準備綜合高湯時，請將昆布或柴魚片等自己喜歡的高湯混合使用。

❷ 做法
* 關於食材的前置作業，如果沒有特別寫出來，就可以省略了「清洗」、「去皮」、「剔除種籽或蒂頭」的作業。
* 註明「開火」的情況都是「中火」。
* 火力依瓦斯爐、IH爐等爐具而異，因此請以書中寫的加熱時間為準，適度地調節火候。
* 微波爐都會註明「假設使用的是600瓦的微波爐」，但是仍依機種而異，所以請適度地調整加熱時間。

❸ 小撇步
* 以調理方式為例，為各位介紹煮得美味可口的祕訣、短時間就能煮好的祕訣。

❹ 改變味道的醬料
* 為各位介紹搭配減醣湯一起吃的「特別推薦的醬料」。做法寫在P.136～139。

❺ 含醣量、 熱量、 調理時間

* 含醣量與熱量皆為1人份，省略小數點以下的數值。

* 依食材而異，因此略有不同，所以只能當成參考。

* 調理時間是指用於完成做法的時間，不含食材解凍的時間。

季節風味

善用當季
食材的──

減醣湯

蛤蜊豬肉葡萄牙風味減醣湯

馬鈴薯吸收了食材滿滿的美味，請趁熱享用。

材料 （1人份）

蛤蜊（水煮罐頭）…1/2罐（65克）
豬五花肉（切成薄片）…100克
馬鈴薯…1小個
小番茄…4個
大蒜（拍碎）…1/2瓣
檸檬（切片）…2片
橄欖油…2小匙
香菜（或荷蘭芹）…適量
紅椒粉…適量

A
雞湯粉…1小匙
水…1杯
白酒…3大匙
鹽…少許
胡椒…少許
月桂葉…1片

做法

① 前置作業

豬肉切成一口大小，馬鈴薯帶皮切成4等分，包上保鮮膜，用微波爐加熱3分鐘。

② 煮

把橄欖油和大蒜倒進鍋子裡，開火，爆出香味後再加入**A**。煮滾後，加入①和小番茄、蛤蜊（連同湯汁）。

③ 收尾

所有的食材都煮熟後，撒上檸檬和剁碎的香菜。再視個人口味撒上紅椒粉，可以做得更道地。

用紅椒粉來增添風味！

葡萄牙經常用到一種名叫「Massa」的紅椒發酵調味料。只要有風味與此相近的紅椒粉，就能讓異國風味撲鼻而來。

Massa

含醣量
25
克

熱量
499
大卡

調理時間
15
分鐘

牛肉豆瓣菜西式壽喜燒

用紅酒、豆瓣菜一起呈現出成熟的壽喜燒風味。

材料 （1人份）

牛肉（牛肩肉片）…140克
豆瓣菜…1把
蔥…1/2根
蒟蒻絲…100克
牛油…5克
※也可以用橄欖油代替

A
┌ 紅酒…2大匙
│ 醬油…2大匙
│ 味醂…1大匙
└ 砂糖…2小匙

做法

① **前置作業**

蔥切成3公分長，蒟蒻絲切成便於食用的長度。把**A**放進微波爐，加熱1分鐘，製作湯底。

② **煮**

把牛油放進鍋子裡，開火，加入蔥段，煎出焦色後，再加入其他的材料，將牛肉煎成金黃色後，均勻地倒入湯底。待湯底收乾後，加入紅酒，調味。

豆瓣菜**可以插在水裡再生**利用！

春天是豆瓣菜的產季，嫩綠的顏色嬌艷欲滴。繁殖力很強，只要插進裝水的容器裡，根和葉就會不斷地生長，請務必再生利用。

也很適合與
打散的蛋或
蘿蔔泥一起享用

改變味道的醬料
・豆瓣醬蘿蔔泥柑橘醋（P.136）
・清爽的蘿蔔泥沾醬（P.137）
・黃芥末沾麵醬（P.138）
・橄欖油山葵鹽（P.139）

含醣量

20
克

熱量

497
大卡

調理時間

15
分鐘

帆立貝減醣湯

使用了大量蔬菜和香草，做成色彩繽紛的春季減醣湯。

材料 （1人份）

帆立貝（去殼煮熟）…8個
綠蘆筍…2根
芹菜…1/3根
馬鈴薯…1小個
彩椒（紅椒或黃椒）…1/4個
蘑菇…4個
喜歡的香草…適量
※荷蘭芹、羅勒、時蘿、百里香等等
橄欖油…1小匙

A
高湯粉…1又1/2小匙
水…1又1/2杯
鹽…少許
胡椒…少許

做法

① 切
綠蘆筍斜切成5公分長，芹菜斜切成0.5公分寬，馬鈴薯切成1公分寬，彩椒切成1公分寬，蘑菇切成兩半。

② 煮
把A倒進鍋子裡，開火，加入材料，蓋上鍋蓋煮。煮到馬鈴薯變軟後，再均勻地淋上橄欖油，撒上香草。

羅勒
荷蘭芹
百里香

**要是香草還有剩，
請乾燥保存**

只需要使用一點點香草，就能讓料理變得更為道地，所以平常準備一點會很方便。如果新鮮香草還有剩下，不妨放在陰涼處自然風乾，加以保存。

也可以用奶油來代替橄欖油！

改變味道的醬料
・咖哩柑橘醋（P.137）
・海苔油（P.139）

含醣量
22
克

熱量
244
大卡

調理時間
15
分鐘

高麗菜與洋蔥的雞肉減醣湯

加入了大量軟嫩又清甜的春季蔬菜的美容養顏湯。

材料 （1人份）

雞翅膀…150克
洋蔥…3/4個
高麗菜…1/8個
大頭菜…1/2小個
生薑（切成細絲）…1/2片
粗粒黑胡椒…適量

```
┌ 雞湯粉…1又1/2小匙
A  水…1又1/2杯
└ 鹽…少許
```

做法

① 切

洋蔥切成0.5公分寬，高麗菜切大片，大頭菜切成半月形。

② 煮

把A倒進鍋子裡，開火，依序加入雞肉、洋蔥、大頭菜、高麗菜，蓋上鍋蓋煮。

③ 收尾

煮到蔬菜變軟，再放上生薑，撒些粗粒黑胡椒。

Advice!

湯裡含有滿滿的美容成分，要全部喝光！

雞翅膀含有大量的膠原蛋白，高麗菜含有生成膠原蛋白不可或缺的維生素C，與具有高度抗氧化作用的洋蔥全部煮在一鍋裡。不妨把湯喝得一乾二淨，充分攝取美容成分。

改變味道的醬料
· 胡椒柑橘醋（P.136）
· 咖哩柑橘醋（P.137）

含醣量
19
克

熱量
452
大卡

調理時間
15
分鐘

風味十分溫和的湯裡
含有大量對
身體很好的成分

高麗菜不捲減醣湯

不用花太多時間就能煮好一鍋清甜軟嫩的春收高麗菜湯！

材料 （1人份）

高麗菜…1/8個
義大利香芹…適量

A
牛豬絞肉…100克
洋蔥…1/4個
打散的蛋液…1/2個
麵包粉…1大匙
肉豆蔻…少許
※沒有也無妨
鹽…少許
胡椒…少許

B
高湯粉…1又1/2小匙
番茄汁…3/4杯
水…1/2杯
月桂葉…1片

做法

1 前置作業

洋蔥切碎，切掉高麗菜的芯，切成大片。把A倒進大碗裡，攪拌到出現黏性，製作成肉餡。

2 放進鍋子裡

把1/3的高麗菜鋪滿在鍋子裡，將一半的肉餡放在正中央，再放上1/3的高麗菜，依序疊上剩下的肉餡和剩下的高麗菜。

3 煮

加入B，開火，蓋上鍋蓋，煮10分鐘。視個人口味撒上剁碎的義大利香芹。

將已經調好味道的肉餡捏成橢圓形，冷凍保存

只要一次做好大量的肉餡，冷凍保存，就能輕鬆把菜做好。事先捏成橢圓形的話，既可以煎，也可以用鍋子熬煮。

※「土耳其風味肉丸減醣湯」（P.76）用的就是這種肉餡。

不用燙、不用捲，只要把材料放進鍋子裡！……

改變味道的醬料
⋯蒜味優格（P.137）

含醣量
16
克

熱量
395
大卡

調理時間
20
分鐘

玉米醬減醣湯

風味溫和的玉米醬與蛋花的濃稠感讓這鍋湯更有魅力了。

材料 （1人份）

玉米醬（罐頭）…100克
雞胸肉…60克
生香菇…1朵
甜豆莢…8個
竹筍（水煮）…50克
蛋…1個
鹽…少許
胡椒…少許
太白粉…1/2大匙
太白粉水…1大匙
※將1/2大匙太白粉與1/2大匙水攪拌均勻

A ┌ 雞湯粉…1又1/2小匙
  └ 水…1杯

做法

① **前置作業**
雞肉切成薄片，拍上一層薄薄的太白粉。去除甜豆莢的蒂頭和絲，其他蔬菜切成便於食用的大小。

∨

② **煮**
把**A**倒進鍋子裡，開火，加入①，蓋上鍋蓋煮。把蔬菜煮熟後，再加入玉米醬，用鹽和胡椒調味。

∨

③ **收尾**
以太白粉水勾芡，均勻地倒入打散的蛋液，煮到滾。

Advice!

花點心思做成別的菜色！

變化版❶
把燕麥加到剩下的湯裡煮，就成了風味溫和的鹹粥。很適合當成隔天的早餐吃。

變化版❷
用高湯粉和牛奶代替雞湯，搖身一變就成了西式風味的火鍋。

最後再均勻地淋上麻油，以提升香氣和風味！

含醣量	熱量	調理時間
30 克	392 大卡	15 分鐘

白肉魚冬粉減醣湯

讓冬粉吸收白肉魚的湯汁，做成風味溫和的湯品。

材料 （1人份）

鯛魚（切片）…100克
※只要是白肉魚，什麼魚都可以
豆苗…1/4袋
蔥…1/2根
綠豆冬粉（乾燥的）…40克
大蒜（切成碎末）…1瓣
麻油…2小匙
酒…3大匙
粗粒黑胡椒…適量

A
白高湯…1大匙
水…1又1/2杯

做法

① 前置作業

鯛魚切成便於食用的大小，蔥斜切成蔥段，豆苗切掉根部。

② 煮

在鍋子裡加入一半的麻油和大蒜，開火，爆出香味後，再加入鯛魚和蔥段，加酒，蓋上鍋蓋。把鯛魚煮熟後，這時加入A，再次煮滾後，加入冬粉，續煮2分鐘左右。

③ 收尾

加入豆苗，稍微再滾一下，均勻地淋上剩下的麻油，視個人口味撒點粗粒黑胡椒。

捲成一團的
冬粉很適合
小鍋子！

建議使用不需要先燙熟的冬粉。還有，如果使用的是小鍋子，最好在選擇冬粉的時候也考慮到形狀。如果是整條的冬粉，會從鍋子裡跑出來，所以必須在下鍋前先剪斷。請務必選擇捲成一團的冬粉。

改變味道的醬料
- 清爽的蘿蔔泥沾醬（P.137）
- 芝麻&蠔油（P.138）
- 芝麻糊辣油（P.138）
- 異國風醬汁（P.139）

含醣量 **40** 克

熱量 **477** 大卡

調理時間 **10** 分鐘

用香醇的
酒和麻油
為清淡爽口的
減醣湯增添美味

韭菜蛋花減醣湯

把炒過的蔬菜和湯藏在韭菜蛋花底下，煮成營養十足的湯。

材料 （1人份）

蛋…1個
韭菜…1/2把
豆芽菜…1/2袋
高麗菜…1/10個
豆腐…1/3塊（100克）
豬肉（肉絲）…100克
麻油…2小匙
生薑（磨成泥）…1小匙

A ⎡ 醬油…1小匙
  ⎢ 酒…1小匙
  ⎣ 味醂…2小匙

B ⎡ 雞湯粉…1小匙
  ⎣ 水…1杯

做法

① 前置作業

韭菜切成5公分長，高麗菜切大片，豆腐切成便於食用的大小，蛋打散備用。

② 炒

將麻油均勻地淋在鍋子裡，開火，加入豬肉和生薑拌炒。炒到豬肉變色，再依序加入高麗菜、豆芽菜，用A調味。

③ 煮

加入B煮滾後，加入豆腐。煮到蔬菜變軟後，再把韭菜放在正中央，在周圍淋上蛋液，蓋上鍋蓋用蒸的。

**很容易壞掉的
韭菜請冷凍保存**

韭菜的葉子一下子就會軟掉，所以如果買回來當天沒有要用，建議冷凍保存。請配合要做的菜切成長段或小丁，裝進夾鏈袋裡保存。

春天的韭菜葉片比較厚，
口感又軟又嫩，
具有強烈的香氣是其特徵。
請務必加到餐點裡來吃
‥‥‥。

改變味道的醬料
· 芝麻味噌（P.138）
· 芝麻&蠔油（P.138）
· 芝麻糊辣油（P.138）

含醣量
15
克

熱量
465
大卡

調理時間
10
分鐘

春季蔬菜押麥減醣湯

能提高飽足感，以番茄為基底的養生減醣湯。

材料 （1人份）

押麥…2大匙
綠蘆筍…2根
甜豆莢…3個
高麗菜…1/8個
培根…2片
起司粉…1/2大匙
荷蘭芹…少許

A
高湯粉…1又1/2匙
番茄汁…1杯
水…1/2杯
白酒…3大匙
大蒜（磨成泥）…1/2小匙
鹽…少許
胡椒…少許

做法

1 前置作業

培根切成0.5公分寬，綠蘆筍斜斜地切成5公分長，高麗菜切大片，去除甜豆莢的蒂頭和絲。

2 煮

把A倒進鍋子裡，開火，煮滾後加入①和押麥，蓋上鍋蓋，煮10分鐘左右。

3 收尾

把押麥煮熟後，撒上起司粉和剁碎的荷蘭芹。

加入押麥可以增加營養和飽足感！

押麥是用滾筒之類的工具把黏性比較弱的大麥壓平，再以蒸的方式定形，因此很容易吸收水分是其特徵。含有豐富的膳食纖維，不僅有助於改善腸道環境，還能減緩血糖值的上升。能維持比較久的飽足感，因此也是很適合用來減肥的食材。

穀物與當季蔬菜的減醣湯具有均衡的營養！

改變味道的醬料
·蒜味優格（P.137）

含醣量
30
克

熱量
347
大卡

調理時間
15
分鐘

什錦減醣湯

好做又好吃的綜合海鮮牛奶湯！

材料 （1人份）

綜合海鮮…100克
高麗菜…1/8個
洋蔥…1/4個
豆芽菜…1/3袋
鴻喜菇…1/4包
魚板（切成薄片）…3片
牛奶（或豆漿）…1/2杯
麻油…1小匙
粗粒黑胡椒…適量

A
雞湯粉…1小匙
水…1杯
生薑（磨成泥）…1小匙
大蒜（磨成泥）…1小匙
鹽…1/3小匙

做法

1 前置作業

先把綜合海鮮拿出來解凍。高麗菜切大片，洋蔥切成薄片。魚板切成1公分寬的長條狀。切除鴻喜菇的蒂頭，剝散備用。

2 煮

把A倒進鍋子裡，開火，煮滾後加入①，蓋上鍋蓋，煮2～3分鐘。

3 收尾

煮到高麗菜變軟後，加入豆芽菜和牛奶，再稍微煮一下，淋上麻油，視個人口味撒些粗粒黑胡椒。

用鹽水為
綜合海鮮解凍

將綜合海鮮浸泡在鹽水（1杯水：1小匙鹽）裡30分鐘左右，加以解凍，就不會有腥味，口感也會脆脆的。解凍後，用廚房專用紙巾擦乾水分，就可以拿來用了。

改變味道的醬料
· 芝麻糊辣油（ P.138）

加一點醋
可以讓味道
變得更圓潤溫和

清爽的海帶芽梅乾減醣湯

可以在沒有胃口的天氣消除疲勞且有助於避免中暑的減醣湯。

材料（1人份）

豬五花肉（切成薄片）…80克
梅乾…1個
切碎的海帶芽（脫水）…6克
豆腐…1/3塊（100克）
蔥…1/2根
炒過的白芝麻…少許

A
白高湯…1大匙
水…1又1/2杯

做法

① 前置作業

把切碎的海帶芽浸泡在熱水裡2分鐘左右。豬肉、豆腐、蔥切成方便食用的大小。

② 煮

把**A**倒進鍋子裡，開火，煮滾後加入①，煮熟以後再放上梅乾，撒上白芝麻。

**最後建議來點
含醣量不高的
麵條**

最後還想再吃點什麼的時候，不妨加入用蒟蒻或豆渣為原料製成的低醣麵。麵的形狀和口感都不一樣，所以只要在家裡準備一些自己喜歡的低醣麵，隨時都可以毫無負擔地開吃。

可以吃到大量
海帶芽的養生減醣湯。
梅乾有助於消除疲勞！

改變味道的醬料
· 生薑柑橘醋（P.136）
· 柚子胡椒美乃滋柑橘醋（P.137）
· 山葵芝麻柑橘醋（P.137）
· 咖哩柑橘醋（P.137）
· 蔥鹽（P.138）
· 橄欖油山葵鹽（P.139）

含醣量
6
克

熱量
415
大卡

調理時間
10
分鐘

鹽漬鯖魚檸檬減醣湯

用白酒燉煮，檸檬與香草湯頭滋味清淡爽口。

材料 （1人份）

鹽漬鯖魚…90克
檸檬（切片）…6片
蘿蔔…70克
洋蔥…1/4個
大蒜（拍碎）…1/2瓣份
橄欖油…2小匙
白酒…1/2杯
胡椒…少許
義大利香芹…適量
※也可以用自己喜歡的香草代替

A
高湯粉…1小匙
水…1/2杯
迷迭香…1枝

做法

1 前置作業

鹽漬鯖魚切成一口大小，洋蔥切成薄片，蘿蔔切成薄薄的圓片。

2 炒

把橄欖油均勻地倒進鍋子裡，開火，加入大蒜和洋蔥拌炒。炒到洋蔥變軟後，再加入鹽漬鯖魚和蘿蔔、白酒，蓋上鍋蓋，又蒸又烤。

3 收尾

待蘿蔔煮熟後，加入**A**，煮滾後放上檸檬片。稍微煮過再撒上剁碎的義大利香芹，撒些胡椒。

以營養豐富的鯖魚做為火鍋的食材

鯖魚含有豐富的維生素D、DHA※1和EPA※2。維生素D有助於加強免疫力，DHA能活化大腦及神經的功能，EPA還能減少血中膽固醇及中性脂肪。因為已經有味道了，也是很好用的火鍋料。

※1 DHA：二十二碳六烯酸（Docosahexaenoic Acid）
※2 EPA：二十碳五烯酸（Eicosapentaenoic Acid）

檸檬和香草是消除鱸魚腥味的祕密武器！……

改變味道的醬料
· 咖哩柑橘醋（P.137）
· 蒜味優格（P.137）
· 莎莎醬（P.139）

含醣量	熱量	調理時間
14 克	486 大卡	15 分鐘

夏季蔬菜咖哩減醣湯

不用咖哩塊做的養生咖哩減醣湯。以鹽麴增加濃醇香！

材料 （1人份）

雞翅膀中段…3根（80克）
南瓜…45克
茄子…1/2小條
秋葵…2條
紅椒…1/4個
咖哩粉…1/2大匙
大蒜（磨成泥）…1/2小匙
生薑（磨成泥）…1小匙
沙拉油…2小匙
香菜…適量

A [
雞湯粉…1小匙
水…250毫升
鹽麴…1小匙
※沒有的話可改用1/3～1/2小匙鹽
番茄醬…1大匙
]

做法

① **前置作業**
南瓜切成薄片，罩上耐熱保鮮膜，放進微波爐加熱3分鐘。茄子切成圓片，紅椒切成1公分寬，秋葵去除絨毛。

∨

② **炒**
把油倒進鍋子裡，開火，加入大蒜和生薑，爆出香味後再加入雞肉和咖哩粉拌炒，再加入A。

∨

③ **煮**
加入茄子、秋葵、紅椒，煮到食材都變軟後，加入南瓜，稍微再煮一下。視個人口味放上香菜。

**鹽麴乃是
萬能調味料**

光是用來醃漬肉、魚、蔬菜等等，就能為食材增添風味及美味。覺得湯不夠味時，可以用來代替鹽使用。只不過，鹽麴的鹹度依種類而異，因此要邊試味道邊調整使用的份量。

可以用沾麵醬
代替雞湯粉，
做成日式風味的
咖哩減醣湯。

改變味道的醬料
· 蒜味優格（P.137）
· 莎莎醬（P.139）

含醣量
21
克

熱量
377
大卡

調理時間
15
分鐘

人蔘雞減醣湯

可以吃到由雞肉和牛蒡做成風味柔和的白湯。

材料 （1人份）

翅小腿…4根
牛蒡…20克
蔥…1/2根
乾香菇…1朵
※用1又1/2杯水泡軟（泡香菇的水也要拿來用）
鹽…少許
粗粒黑胡椒…少許
辣椒絲…適量

A
- 雞湯粉…1小匙
- 酒…1/2大匙
- 大蒜（拍碎）…1瓣
- 生薑（切絲）…3片
- 燕麥…2大匙

做法

① 前置作業

用菜刀將牛蒡刨成細絲。蔥白的部分斜切成2公分寬，綠色的部分則切成佐料用的蔥花。用水把乾香菇泡軟，切成細絲。

② 煮

把所有食材和A、泡香菇的水倒進鍋子裡，開火，用小火煮。

③ 收尾

煮到食材變軟後，再用鹽和粗粒黑胡椒調味，撒上佐料用的蔥花。也可以視個人口味放上辣椒絲。

**以燕麥做成
稀飯的感覺**

燕麥的GI值*很低，含有豐富的膳食纖維。加到火鍋裡能把味道變成像稀飯那樣綿密濃稠的風味。搭配雞湯，不僅很有營養，還能增加飽足感！

＊以數值表示血糖的上升程度。

也可以在
要吃的前一刻
再加入麻油和
韓國辣椒醬

改變味道的醬料
・韓式柑橘醋（P.137）
・芝麻味噌（P.138）
・芝麻糊辣油（P.138）

含醣量
18
克

熱量
354
大卡

調理時間
15
分鐘

滿是蔬菜的餃子減醣湯

用冷凍水餃和冰箱裡的剩菜做成美味又簡單的減醣湯。

材料（1人份）

冷凍水餃…6個
紅蘿蔔…1/4根
蔥…1/2根
豆苗…1/4袋
生薑（切成細絲）…2片

A
| 雞湯粉…1小匙
| 水…1又1/2杯
| 醬油…1小匙

做法

① **切**
把蔥斜切成1公分寬，豆苗切除根部，再切成兩半，紅蘿蔔切成長條狀。

② **煮**
把**A**倒進鍋子裡，開火，煮滾後加入薑和蔥、紅蘿蔔，稍微煮滾後再加入水餃，將水餃煮熟，加入豆苗。

**請務必讓
豆苗再利用**

把切掉的根部浸泡在水裡，放在室內陽光充足的地方，豆苗就會再長出來。栽培的重點在於切掉根部時要留下「突出的新芽」，每天換1～2次水。大概可以採收2次。

也很推薦均勻地淋上辣油或麻油來吃！

改變味道的醬料
· 韭菜柑橘醋（P.137）
· 咖哩柑橘醋（P.137）
· 芝麻&蠔油（P.138）
· 芝麻糊辣油（P.138）
· 芝麻糊生薑（P.139）
· 榨菜蔥醬（P.139）

含醣量
33
克

熱量
265
大卡

調理時間
10
分鐘

撒滿了佐料的豆漿減醣湯

利用豆漿為健康的湯增加亮點。

材料 （1人份）

豬里肌肉（涮涮鍋專用）…100克
萵苣…1/4個
紅蘿蔔…1/3根
豆漿…1杯
蘿蔔嬰…20克
蘘荷…1根
蔥…10克

	白高湯…1大匙
A	水…3/4杯

做法

① 前置作業

萵苣撕成方便食用的大小，用刨刀把紅蘿蔔削成薄片，蘘荷切成薄薄的圓片，蔥切成小丁，切掉蘿蔔嬰的根部。

② 煮

把A倒進鍋子裡，開火，煮滾後加入豆漿。再次煮滾後，轉小火，攪拌一下，讓所有的料都吃到湯汁。請搭配蘘荷、蘿蔔嬰、蔥花一起吃。

建議用刨刀將蔬菜削成薄片

用刨刀將紅、白蘿蔔及牛蒡等根莖類削成薄片後，可以比較快煮熟，因此能縮短烹調的時間。不僅如此，如果做成緞帶般的形狀，還能讓內容物看起來更賞心悅目！
※「鰤魚酒糟減醣湯」（P.100）也使用了以刨刀削成薄片的蔬菜。

改變味道的醬料
· 生薑柑橘醋（P.136）
· 梅肉柑橘醋（P.136）
· 芝麻糊辣油（P.138）
· 芝麻糊生薑（P.139）
· 異國風醬汁（P.139）
· 莎莎醬（P.139）

含醣量
15
克

熱量
374
大卡

調理時間
10
分鐘

也可以加入
豆腐或生豆皮！
請搭配大量的
佐料一起享用

豬五花減醣湯

用豬五花肉代替內臟做成簡易版的湯料理。

材料 （1人份）

豬五花肉（切成薄片）…80克
高麗菜…130克
豆腐…1/3塊（100克）
韭菜…1/3把
大蒜（切成薄片）…1/2瓣
辣椒（切成圓片）…1根
炒過的白芝麻…少許

A
雞湯粉…1小匙
綜合高湯…1又1/2杯
酒…2小匙
味醂…2小匙
醬油…2小匙
大蒜（拍碎）…1瓣

做法

① 前置作業
豬肉切成3公分寬，高麗菜切大片，韭菜切成5公分長，豆腐切成1公分寬。

② 煮
將高麗菜鋪滿在鍋底，放上豆腐、豬肉，倒入**A**。再把韭菜放在鍋子中央，開火。

③ 收尾
煮熟蔬菜後，撒上大蒜和辣椒、白芝麻。

Advice!

湯裡食材不要煮太爛，
稍微煮熟即可

博多道地的內臟鍋以醬油風味為主流，醬油更能帶出豬五花肉的油脂甘甜。建議食材不要煮太爛，稍微煮熟就可以吃了！由於豬肉的美味都溶解在湯裡，請不要沾任何醬料直接吃。

想多吃一點麵的時候，可以在鍋裡加入低醣麵

含醣量
19
克

熱量
500
大卡

調理時間
15
分鐘

泰式酸辣蝦減醣湯

又酸又辣好好吃！利用手邊的材料重現泰式酸辣蝦湯！

材料 （1人份）

蝦仁…60克

鴻喜菇…50克

綠豆冬粉

（不需要事先煮過的那種）…40克

大蒜（磨成泥）…1小匙

生薑（磨成泥）…1小匙

豆瓣醬…1小匙

沙拉油…2小匙

檸檬汁…1大匙

香菜…適量

A
- 雞湯粉…1小匙
- 水…1又1/2杯
- 砂糖…1/2小匙
- 魚露…1小匙

做法

① 前置作業

切除鴻喜菇的蒂頭，撕成小撮。

② 煮

把沙拉油倒進鍋子裡，開火，加入大蒜、生薑、豆瓣醬，爆出香味後加入A，煮滾後再加入①和綠豆冬粉。

③ 收尾

煮到冬粉變透明，加入蝦仁，再稍微煮一下。淋點檸檬汁，視個人口味放上切碎的香菜。

**蝦仁事先
經過處理
會更好吃！**

用鹽（1小撮）和太白粉（1大匙）揉搓蝦仁，再以清水沖洗，就能去除腥味，讓風味更佳。洗乾淨後請用廚房專用紙巾輕輕地擦乾水分再使用。

改變味道的醬料
· 異國風醬汁（P.139）

含醣量	熱量	調理時間
40 克	**310** 大卡	**10** 分鐘

不妨斟酌
豆瓣醬的用量，
調整成
自己喜歡的辣度

油炸茄子減醣湯

以蒸烤的方式做成炸茄子的味道， 是一道健康養生的湯品。

材料 （1人份）

雞胸肉…80克
茄子…2小條
糯米椒…2根
蘿蔔（磨成泥）…50克
生薑（磨成泥）…1又1/2小匙
蔥…10克
沙拉油…1又1/2大匙

A ┌ 沾麵醬（3倍濃縮）…2大匙
  └ 水…1又1/2杯

做法

1 前置作業

雞肉去皮，切成一口大小，茄子切成滾刀塊。

2 蒸烤

將沙拉油均勻地倒進鍋子裡，開火，從茄子帶皮的那一面開始煎，等所有的茄子都吃到油，蓋上鍋蓋蒸烤。

3 煮

蒸烤到茄子變軟後，加入A，煮滾後，再加入雞肉和糯米椒，繼續煮3分鐘左右。

4 收尾

放上蘿蔔泥和生薑，再撒上蔥花。

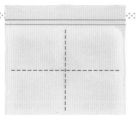

蘿蔔泥
要冷凍保存

蘿蔔磨成泥之後，連同湯汁裝進夾鏈袋裡，攤平冷凍。只要算準每次要使用的量，事先用筷子之類的工具在袋子上面按壓畫線，要使用的時候就能掰開來用 。

改變味道的醬料
· 清爽的蘿蔔泥沾醬（P.137）

含醣量
13
克

熱量
346
大卡

調理時間
15
分鐘

視個人口味
撒些七味辣椒粉
讓味道更有層次
調整成自己喜歡的辣度

夏日風味普羅旺斯燉菜

用微波爐就能很快做好的簡易普羅旺斯燉菜。

材料 （1人份）

茄子…1/2中條
櫛瓜…1/2小條
黃椒…1/4個
小番茄…4個
鑫鑫腸…3條
大蒜（切成薄片）…1/2瓣
橄欖油…1大匙
鹽…1/3小匙
胡椒…少許

A ┌ 番茄汁…3/4杯
  └ 白酒…2大匙

做法

① **切**
茄子、櫛瓜切成1公分寬的圓片，黃椒切成滾刀塊，小番茄切成兩半。

② **加熱**
將①和大蒜、鹽、胡椒、橄欖油倒進耐熱容器裡，稍微攪拌均勻，鬆鬆地罩上一層保鮮膜，放進微波爐加熱6分鐘。

③ **煮**
把A倒進鍋子裡，開火，煮滾後加入②和鑫鑫腸，煮5分鐘左右。最後再撒些胡椒。

低醣麵包可搭配火鍋來吃

建議以低醣麵包搭配湯來吃。也有由黃豆粉或麥麩（Bran）等配方製成，可以攝取到蛋白質及膳食纖維的低醣麵包，是減肥時的好幫手。以這道菜來說，可以泡在吸飽了蔬菜甘甜的湯裡一起吃。

如果有奧勒岡等香草，起鍋前可以撒上一點

改變味道的醬料
蒜味優格（P.137）

含醣量	熱量	調理時間
12 克	358 大卡	15 分鐘

豬五花肉醃白菜減醣湯

用發酵蔬菜與木耳來改善腸內環境的排毒湯品。

材料 （1人份）

豬五花肉（切成薄片）…80克
醃漬白菜…100克
蒟蒻絲…100克
木耳（脫水）…2克
※也可以換成自己喜歡的菇類
生薑（切成細絲）…2片份
麻油…1小匙
粗粒黑胡椒、花椒…各適量

A
雞湯粉…1小匙
水…1又1/2杯
鹽…適量
※請依醃漬白菜的鹹度做調整

做法

① 前置作業

將豬肉與醃漬白菜切成便於食用的大小。用水泡軟木耳。

② 炒

把麻油和生薑放進鍋子裡，開火，爆出香味後再依序加入豬肉、醃漬白菜，拌炒。

③ 煮

加入**A**、蒟蒻絲、木耳一起煮。再視個人口味撒上粗粒黑胡椒和花椒。

**如果要自己
醃漬白菜**

不妨選擇只用鹽醃漬的發酵白菜。如果買現成的淺漬白菜，放在蔬果室裡「賞味期限＋幾天」就能發酵成恰到好處的酸味。如果要自己做的話，請把15克鹽和1大匙醋揉進1/4棵切成大片的白菜裡，只要放在冰箱裡保存2～3天就完成了。

與優格柑橘醋一起吃，還能得到發酵×發酵的雙重發酵效果，對身體更有益處！

改變味道的醬料
・胡椒柑橘醋（P.136）
・優格柑橘醋（P.136）
・榨菜蔥醬（P.139）

含醣量
3
克

熱量
386
大卡

調理時間
10
分鐘

秋

奶味起司蕈菇減醣湯

吃再多也不會有罪惡感的菇類與起司一起享用！

材料 （1人份）

喜歡的菇類…200克
※這本書裡使用了鴻喜菇、蘑菇、舞菇、杏鮑菇

比薩用起司…50克
牛奶（或豆漿）…1/2杯
味噌…1小匙
粗粒黑胡椒…適量

```
┌ 白高湯…2小匙
A│
└ 水…1/2杯
```

做法

① 前置作業
切除菇類的蒂頭，撕成小撮，太長的話請切成便於食用的長度。

② 煮
把**A**加到鍋子裡，開火，煮滾後加入菇類。煮熟後再加入牛奶和味噌調味。

③ 收尾
加入比薩用起司，待起司融化後，關火。視個人口味撒上粗粒黑胡椒。

Advice!

換成別的起司 就成了起司鍋

如果奢侈一點，換成葛瑞爾起司或艾曼塔起司，就能呈現出有如起司鍋的濃郁風味。使用3種以上的菇類，還能讓風味更有層次，變得更好吃。

甜美的湯頭
也能讓低熱量的
菇菇充滿了飽足感！

改變味道的醬料
芝麻味噌（P.138）

含醣量
11
克

熱量
291
大卡

調理時間
15
分鐘

秋

豆漿擔擔辣味減醣湯

使用油豆腐代替麵條，不僅低醣還很有營養！

材料 （1人份）

豬絞肉…50克
油豆腐…3/4塊（140克）
青江菜…50克
大蒜（磨成泥）…1/2小匙
生薑（磨成泥）…1/2小匙
豆瓣醬…1小匙
韭菜（或蔥）…2根
榨菜（已調味）…1/2大匙
白芝麻粉…1小匙
豆漿…1/2杯
麻油…1又1/2小匙

A ┌ 雞湯粉…1小匙
  └ 水…3/4杯

做法

1 前置作業
撕碎油豆腐和青江菜，韭菜切成小丁，榨菜剁碎。

2 炒
把麻油、大蒜、生薑倒進鍋子裡，開火，爆出香味後再加入豬肉、豆瓣醬，繼續拌炒。

3 煮
加入**A**，煮滾後再加入油豆腐和青江菜，青江菜的莖先放入鍋子裡。

4 收尾
油豆腐煮熱後加入豆漿，煮滾後再撒上榨菜、白芝麻粉。

用油豆腐代替肉

油豆腐的養分比板豆腐高，蛋白質約為豆腐的1.5倍，鐵質為1.7倍以上，鈣質為2.5倍以上。是充滿飽足感又很好吃的食材。

把芝麻粉
換成芝麻糊，
風味會更道地！

改變味道的醬料
芝麻糊辣油（P.138）

含醣量	熱量	調理時間
7 克	496 大卡	15 分鐘

秋

納豆泡菜減醣湯

以泡菜和納豆這兩種發酵食品為主的減醣湯。

材料（1人份）

納豆…1包（50克）
白菜的泡菜…80克
豆腐…1/3塊（100克）
金針菇…1/2袋
蔥…1/2根
韭菜…1/3把
麻油…2小匙
大蒜（磨成泥）…1/2小匙
韓國辣椒醬…1/2小匙

┌ 雞湯粉…1小匙
A 綜合高湯…1又1/2杯
└ 酒…1大匙

做法

① **前置作業**
豆腐切成1公分寬的小丁，蔥斜切成1公分寬，韭菜切成5公分長，切除金針菇的蒂頭，撕成便於食用的小撮。納豆攪拌均勻。

② **炒**
把麻油和大蒜倒進鍋子裡，開火，爆出香味後加入泡菜，稍微拌炒一下，再加入A。

③ **煮**
加入納豆以外的材料，煮滾後以韓國辣椒醬調味。整個煮熟後再放上納豆。

也可以加入櫛瓜

韓國道地的泡菜鍋還會加入櫛瓜。夏天是櫛瓜的產季，很便宜就能買到，所以請務必加進這道火鍋裡。櫛瓜含有豐富的維生素C，有助於養顏美容。

改變味道的醬料
・蒜味優格（P.137）

含醣量
19
克

熱量
341
大卡

調理時間
15
分鐘

最後再打顆蛋，
或是加入起司煮到
融化也很好吃

秋

奶油味噌鮭魚減醣湯

濃醇香的奶油味噌與食材十分對味的暖心湯品。

材料 （1人份）

鮭魚…80克
高麗菜…80克
洋蔥…1/4個
馬鈴薯…1小個
玉米（罐頭）…2大匙
味噌…1大匙
※如果使用的是鹽漬鮭魚要視鹹度調整味噌的份量
奶油…5克
粗粒黑胡椒…適量

A ┌ 綜合高湯…1又1/2杯
　│ 味醂…1大匙
　└ 酒…1大匙

做法

① 切
鮭魚切成便於食用的大小，高麗菜切大片，洋蔥和馬鈴薯切成1公分寬。

② 煮
把**A**加到鍋子裡，開火，加入洋蔥、馬鈴薯，蓋上鍋蓋煮。煮到馬鈴薯變軟，再加入剩下的材料，溶入味噌。

③ 收尾
放上奶油，視個人口味撒點粗粒黑胡椒。

Advice!

花點心思做成別的菜色！

變化版❶
加入酒糟或牛奶、豆漿，做成風味更濃郁的火鍋。

變化版❷
用雞湯粉代替綜合高湯，再加入海帶芽！

改變味道的醬料
・優格柑橘醋（P.136）
・芝麻糊辣油（P.138）
・海苔油（P.139）

含醣量
40
克

熱量
381
大卡

調理時間
20
分鐘

使用帶骨的鮭魚
或切剩的鮭魚
來熬湯會更好吃

秋

牛蒡牛肉味噌烏龍湯麵

把味噌煮牛蒡與不含醣的麵一起做成壽喜燒風的減醣湯麵。

材料 （1人份）

牛腱子肉（切成薄片）…100克
牛蒡…1/2根
蔥…1/2根
不含醣的麵（寬麵）…1/2袋（85克）
生薑（切成細絲）…2片份
炒過的白芝麻…適量
辣椒絲…適量
※純辣椒粉或七味辣椒粉都可以
水…1又1/2杯

A ┌ 味噌…1大匙
  └ 沾麵醬（3倍濃縮）…1大匙

做法

1 前置作業

牛肉切成便於食用的大小，牛蒡刨成細絲，蔥斜切成蔥花。不含醣的麵洗乾淨，瀝乾水分。

2 煮

把水、生薑、牛蒡倒進鍋子裡，蓋上鍋蓋，開火。煮到牛蒡變軟後，再加入**A**、蔥、牛肉、不含醣的麵。

3 收尾

待所有的材料都煮熟後，再撒上炒過的白芝麻，放上辣椒絲。

事先處理好牛蒡放冷凍保存

用菜刀將牛蒡刨成細絲，配合要做的料理切好，泡水去除澀味，再擦乾水分，裝入夾鏈袋，放進冷凍庫，可以保存1個月左右。

加入磨成泥的大蒜或醋來熬煮也很美味！
....

含醣量
16
克

熱量
319
大卡

調理時間
15
分鐘

山藥百菇減醣湯

讓菇菇沾滿山藥泥，是一道美味又健康的減醣湯。

材料（1人份）

雞胸肉…100克
喜歡的菇類…200克
※這本書裡使用了鴻喜菇、金針菇、舞菇、香菇
山藥…100克
生薑（切成細絲）…2片份
太白粉…1大匙
七味辣椒粉…適量

A
├ 綜合高湯…1又1/2杯
├ 醬油…1大匙
├ 酒…1大匙
└ 味醂…1大匙

做法

1 前置作業

切除菇類的蒂頭，撕成小撮。雞肉切薄片，拍上一層薄薄的太白粉。山藥磨成泥。

2 煮

把A倒進鍋子裡，開火，煮滾後，加入菇類、生薑、雞肉，蓋上鍋蓋煮。

3 收尾

煮熟後，放上山藥泥，關火。視個人口味撒些七味辣椒粉。

Advice!

拍上一層薄薄的太白粉可以讓雞胸肉的口感更好

為雞胸肉拍上一層薄薄的太白粉，可避免肉汁流失，把美味鎖在裡面，做成裡頭濕潤、表面滑嫩的溫和口感。

改變味道的醬料
· 生薑柑橘醋（P.136）
· 黃芥末沾麵醬（P.138）
· 橄欖油山葵鹽（P.139）

含醣量 38 克

熱量 364 大卡

調理時間 15 分鐘

濃稠的湯頭
讓身體從骨子裡
暖和起來

土耳其風肉丸減醣湯

大蒜風味的優格醬為滋味畫龍點睛。

材料 （1人份）

冷凍肉丸子（請參考P.30）…80克

※也可以買市售的成品

茄子…2小條

青椒…1個

大蒜（切成碎末）…1/2瓣份

橄欖油…1大匙

蒜味優格（請參考P.137）…適量

義大利香芹…適量

辣椒粉、胡椒…各適量

A
番茄汁…1杯
高湯粉…1又1/2小匙
茴香粉…1/4小匙
※也可以用咖哩粉代替

做法

1 切

茄子切成0.6公分寬的圓片、青椒切成1公分寬。

2 煮

把大蒜和橄欖油倒進鍋子裡，開火，爆出香味後加入**A**。煮滾後加入材料，再煮10分鐘左右。

3 收尾

淋上蒜味優格，視個人口味撒些辣椒粉和胡椒，再撒上剁碎的義大利香芹。

優格也是很好用的調味料

優格多半給人甜點的印象，但是在土耳其會拿來當成調味料或沙拉醬。這本書的做法是混入大蒜，為餐點製造畫龍點睛的效果。還能讓重口味的肉丸子變得更加清淡爽口，請務必一試。

一次多做一點
肉丸子備用，
冷凍保存很方便

含醣量	熱量	調理時間
20克	400大卡	15分鐘

柳川鍋風味秋刀魚減醣湯

活用秋刀魚罐頭，不費吹灰之力就能做成柳川鍋風味的減醣湯。

材料 （1人份）

蒲燒秋刀魚（罐頭）…1罐（100克）
牛蒡…1/3根
蔥…1/2根
蛋…1個
鴨兒芹…適量
山椒粉、七味辣椒粉…各適量

A ┌ 沾麵醬（3倍濃縮）…1大匙
  └ 水…1杯

做法

1 前置作業

牛蒡用菜刀刨成細絲，蔥斜切，鴨兒芹切成3公分長。蛋打散備用。

2 煮

把A和牛蒡倒進鍋子裡，開火，煮滾後加入蔥花繼續熬煮。待牛蒡煮熟後，連同罐頭裡的湯汁加入蒲燒秋刀魚。

3 收尾

均勻地倒入打散的蛋液，蓋上鍋蓋，關火。加入鴨兒芹，再視個人口味撒上山椒粉和七味辣椒粉。

放在白飯上
就成了
柳川蓋飯

這道菜的口味很重，所以也可以放在白飯上來吃。如果方便的話，建議搭配富含膳食纖維及維生素的糙米飯。只不過，飯的含醣量很高，所以最好不要超過半碗。

唾手可得的
秋刀魚罐頭
變身成充滿飽足感
的減醣湯！

含醣量
21
克

熱量
386
大卡

調理時間
15
分鐘

日式減醣湯

美味的雞肉與甘甜的根莖類十分對味，是不會對腸胃造成負擔的養生湯。

材料（1人份）

雞腿肉…120克
大頭菜…2小個
蓮藕…50克
生香菇…1個
水煮蛋…1個
橄欖油…1小匙

A
┌ 雞湯粉…1小匙
│ 昆布高湯…1又1/2杯
└ 鹽…適量

做法

① 前置作業

大頭菜切成4等分、大頭菜的葉子稍微切碎，蓮藕切成0.8公分寬的圓片，切除香菇的蒂頭。雞肉去皮，切成滾刀塊。

② 煮

把橄欖油倒進鍋子裡，開火，稍微煎到雞肉的表面變色。加入**A**，再加入大頭菜的葉子以外的材料，蓋上鍋蓋，煮10分鐘。

※過程中要撈除浮沫

③ 收尾

加入大頭菜的葉子，稍微煮一下，關火。放上切半的水煮蛋。

Advice!

**請運用各式各樣的
佐料及醬汁
享受食材本身的原味**

風味相當清爽，因此除了右頁「改變味道的醬料」以外，也可以搭配七味辣椒粉或柚子胡椒、顆粒狀的黃芥末等各種不同的佐料來吃。

切得比較大塊的
蔬菜及雞肉很有口感，
也充滿了飽足感！

改變味道的醬料
· 柚子胡椒美乃滋柑橘醋（P.137）
· 黃芥末沾麵醬（P.138）
· 海苔油（P.138）
· 橄欖油山葵鹽（P.139）

含醣量
15
克

熱量
362
大卡

調理時間
15
分鐘

豆腐鱈味棒蛋花減醣湯

暖呼呼的鱈味棒蛋花減醣湯特別推薦在寒冷的冬天吃！

材料 （1人份）

豆腐…1塊（300克）

鱈味棒…4條（60克）

木耳（脫水）…3克

※也可以換成自己喜歡的菇類

蛋…1個

太白粉水…1大匙

※將1/2大匙太白粉與1/2大匙水攪拌均勻

蔥…5克

A ─
雞湯粉…1又1/2小匙
水…1又1/2杯
醬油…少許
生薑（磨成泥）…1/2小匙
醬油…少許
生薑（磨成泥）…1/2小匙

做法

1 前置作業

鱈味棒撕成便於食用的大小。蛋打散備用。用水泡軟木耳。蔥花切成小丁。

2 煮

把**A**倒進鍋子裡，開火，用湯匙挖取豆腐，放進鍋子裡。加入木耳和鱈味棒煮。

3 收尾

煮到豆腐變熱，再用太白粉水勾芡，均勻地倒入打散的蛋液。再次煮滾後，撒上蔥花。

**重點在於
要把蛋花煮
得鬆軟可口**

在③的步驟加入蛋液時，只要把碗側著拿，讓蛋液順著筷子一點一點地流下，就能煮出鬆鬆軟軟的蛋花。

改變味道的醬料
・芝麻&蠔油（P.138）

含醣量
15
克

熱量
358
大卡

調理時間
10
分鐘

最後再淋點
麻油會更香！

蝦仁燒賣辣味減醣湯

用冷凍燒賣做成簡易版的乾燒蝦仁減醣湯。

材料（1人份）

冷凍燒賣…6個
蔥…1根
豆腐…1/2塊（150克）

A
麻油…1小匙
大蒜（磨成泥）…1/2小匙
生薑（磨成泥）…1/2小匙
豆瓣醬…1/2～1小匙

B
雞湯粉…1小匙
水…1又1/2杯
番茄醬…1大匙

做法

① 切

蔥段切成5公分長，豆腐切成便於食用的大小。

② 煮

把A倒進鍋子裡，開火，爆出香味後，加入B。煮滾後再加入①和蝦仁燒賣，將其煮熟。

**建議最後用
低醣、 低熱量的
冬粉收尾！**

冬粉含有大量的膳食纖維，是一種吃起來毫無罪惡感的食品。加到火鍋或湯裡，會吸收水分，在胃裡膨脹，所以還能得到飽足感。事先汆燙去除澀味的話，還能煮得更美味可口。

將辣味與甜味、番茄的酸味融為一體的1人鍋

冬

牛肉水菜減醣湯

當季的水菜十分美味！用牛肉做成的水菜減醣湯。

材料（1人份）

牛肉（牛肩肉片）…150克
水菜…1/2把
金針菇…1/2袋
豆腐…1/3塊（100克）

A
├ 綜合高湯…1又1/2杯
│ 醬油…1又1/2大匙
│ 酒…1大匙
└ 味醂…1大匙

做法

① **前置作業**
將牛肉、水菜、豆腐切成便於食用的大小。切除金針菇的蒂頭，撕成便於食用的大小。

② **煮**
把**A**倒進鍋子裡，開火，煮滾後加入豆腐、金針菇。煮熟後再加入牛肉和水菜，稍微煮一下。

美味可口的訣竅！

煮過頭的話，牛肉會變得太硬太老，水菜也會失去獨特的清脆口感。所以最後再加入肉和水菜，不要煮過頭是美味可口的訣竅。牛肉含有豐富的鐵質，水菜含有豐富的維生素C，一起吃有助於提升吸收的效率！

改變味道的醬料
· 生薑柑橘醋（P.136）
· 胡椒柑橘醋（P.136）
· 山葵芝麻柑橘醋（P.137）
· 蛋黃醬油（P.139）
· 橄欖油山葵鹽（P.139）

含醣量
19
克

熱量
500
大卡

調理時間
10
分鐘

視個人口味，
加入山椒粉、
柚子胡椒、
七味辣椒粉等
自己喜歡的辛香料

冬

滿是豆子的義式蔬菜減醣湯

用番茄汁把蒸黃豆和蔬菜燉煮成西式風味。

材料 （1人份）

蒸黃豆（或水煮黃豆）…80克
花椰菜…4朵（60克）
洋蔥…1/2小個
培根…1片
鑫鑫腸…2條
大蒜（切成碎末）…1/2瓣份
橄欖油…1/2大匙
鹽…少許
胡椒…少許

A ⎡ 高湯粉…1又1/2小匙
　 番茄汁…1杯
　 月桂葉…1片
　 ※沒有也無妨 ⎦

做法

①切
如果1朵花椰菜太大的話，請撕成小朵。洋蔥切成碎末。培根切成1公分寬。

②炒
把大蒜和橄欖油倒進鍋子裡，開火，爆出香味後，再加入洋蔥拌炒。

③煮
炒到洋蔥變得透明，再加入A和剩下的材料煮。以鹽和胡椒調味。

Advice!

用「蒸」的黃豆比「水煮」黃豆更有營養

黃豆含有豐富的蛋白質及膳食纖維等營養成分。有些現成的黃豆已經事先蒸過或煮好，也有炒過的黃豆，可以用來做沙拉。建議使用蒸的黃豆，因為比水煮黃豆更有營養。

含醣量
16
克

熱量
485
大卡

調理時間
15
分鐘

也可以視個人口味
撒點荷蘭芹
或起司粉！

冬

罐頭鯖魚白菜減醣湯

讓白菜吸飽鯖魚罐頭湯汁的簡單湯料理。

材料 （1人份）

鯖魚罐頭（水煮）…1罐（190克）
白菜…1/8棵
生薑（切成細絲）…1片份
粗粒黑胡椒…適量

A
├ 白高湯…1大匙
├ 酒…2大匙
└ 水…1杯

做法

① 前置作業

把白菜的寬度切成與鍋子的深度一樣。以倒扣的方式將鯖魚罐頭連同湯汁倒在鍋子中央，周圍塞滿白菜，把鯖魚圍起來。

② 煮

加入**A**，蓋上鍋蓋煮。煮熟白菜後，放上生薑，撒點粗粒黑胡椒。

Advice!

也可以改用味噌鯖魚罐頭！

本書的做法是用鯖魚的水煮罐頭，但是改用味噌鯖魚罐頭也可以做得很好吃。這時只要再加一點醬油和酒調味即可。建議視個人口味滴點辣油，以增加辣味。

改變味道的醬料
· 生薑柑橘醋（P.136）
· 豆瓣醬蘿蔔泥柑橘醋（P.136）
· 梅肉柑橘醋（P.136）
· 胡椒柑橘醋（P.136）
· 柚子胡椒美乃滋柑橘醋（P.137）
· 清爽的蘿蔔泥沾醬（P.137）
· 海苔油（P.139）

含醣量	熱量	調理時間
6 克	**427** 大卡	**10** 分鐘

視個人口味
撒點柚子胡椒
或七味辣椒粉

冬

起司蒸蔬菜減醣湯

與圓潤溫和的起司一起享用蔬菜的樸素味道。

材料 （1人份）

花椰菜…80克
紅蘿蔔…1/2小根
洋蔥…1/2小個
四季豆…3根
卡門貝爾起司…1/2個
鑫鑫腸…2條
水煮蛋…1/2個

A
┌ 白酒…3大匙
│ 白高湯…1/2大匙
│ 水…1/4杯
└ 橄欖油…1/2大匙

做法

1 切

紅蘿蔔切成1公分寬的長條狀，洋蔥切成1公分寬的半月形，其他蔬菜切成便於食用的大小。

2 蒸煮

把水煮蛋以外的材料放進鍋子裡，開火，均勻地倒入 **A**。煮滾後轉小火，蓋上鍋蓋，蒸煮8分鐘左右。

3 收尾

全部煮熟後，把卡門貝爾起司放在正中央，等起司融化就關火。最後再加入水煮蛋。

花椰菜的莖
也可以吃，
不要丟掉！

花椰菜的莖營養豐富，含有大量的維生素C及β胡蘿蔔素。所以不妨切成細絲或削成薄片來吃。這裡的做法是把花椰菜的莖藏在起司底下。

改變味道的醬料
・黃芥末沾麵醬（P.138）

含醣量 12 克

熱量 495 大卡

調理時間 15 分鐘

可視個人口味
撒上滿滿的
粗粒黑胡椒

酸辣減醣湯

把酸味與辣味令人回味無窮的酸辣湯變化成簡單湯品。

材料（1人份）

豬肉（肉絲）…50克

紅蘿蔔…1/4根

蔥…1/4根

乾香菇…1朵

※用1又1/2杯水泡軟（泡香菇的水也要拿來用）

豆腐…1/2塊（150克）

蛋…1個

太白粉水…1大匙

※將1/2大匙太白粉與1/2大匙水攪拌均勻

A
- 雞湯粉…1小匙
- 醬油…1/2小匙
- 大蒜（磨成泥）…1小匙
- 生薑（磨成泥）…1小匙

B
- 醋…1～2大匙
- 辣油…1～2小匙
- 粗粒黑胡椒…適量

做法

1 前置作業

豆腐切成便於食用的大小，蔥的綠色部分切成佐料用的小丁，其他蔬菜全都切成細絲。蛋打散備用。

2 煮

把A和泡香菇的水倒進鍋子裡，開火，煮滾後，加入除了蛋和佐料用蔥花以外的材料。

3 收尾

蔬菜煮熟後，分幾次倒入太白粉水勾芡，然後再倒入打散的蛋液，加入B，稍微再煮一下。撒上佐料用的蔥花。

**也可以用
香菇高湯！**

這裡的做法是在湯裡加入泡香菇的水，但也可以用事先做起來放的「香菇高湯」（請參考P.11）。這時請在A裡加入1/2杯香菇高湯和1杯水。

含醣量
17
克

熱量
399
大卡

調理時間
15
分鐘

如果有黑醋，
風味會更道地。
最後建議以
冬粉收尾！

雞肉丸減醣湯

薑味十足的雞肉丸好吃極了！

材料 （1人份）

豬肉（肉絲）…50克
雞絞肉…100克
※也可以直接用市售的雞肉丸
白菜…130克
蔥…1/2根
山茼蒿…1/4把
鴻喜菇…1/4包
※也可以改用自己喜歡的菇類
炸豆皮…1片
生薑（磨成泥）…2小匙

```
┌ 白高湯…1大匙
A  醬油…1小匙
└ 水…1又1/2杯
```

做法

① 前置作業
把雞肉和生薑揉成肉丸。蔬菜、炸豆皮切成方便食用的大小，切除鴻喜菇的蒂頭，撕成小撮。

② 煮
把A倒進鍋子裡，開火，加入材料燉煮。把蔬菜煮熟後，沾自己喜歡的醬料一起吃。

Advice!

也可以把佐料揉進雞肉丸，做成變化版丸子

這裡的做法是只用絞肉和生薑揉成的簡單版雞肉丸，如果有時間的話，可以加入剁碎的蔥或紫蘇等等，製作成變化版的雞肉丸。因為能冷凍保存，一次多做一點，各種料理都可以用，非常方便。

改變味道的醬料
· 生薑柑橘醋（P.136）
· 柚子胡椒美乃滋柑橘醋（P.137）
· 芝麻糊辣油（P.138）
· 蛋黃醬油（P.139）
· 芝麻糊生薑（P.139）

含醣量
7
克

熱量
370
大卡

調理時間
15
分鐘

建議沾
蛋黃醬油來吃

冬

常夜鍋風味減醣湯

做法簡單、營養豐富！每晚都吃也吃不膩的減醣湯。

材料 （1人份）

豬五花肉（切成薄片）…100克
菠菜…1/2把
蔥…適量

A
- 昆布高湯…250毫升
- 酒…3大匙
- 鹽…少許

做法

(1) **切**

把菠菜切成兩段，豬肉切成便於食用的大小。

(2) **煮**

把**A**倒進鍋子裡，開火，煮滾後加入①繼續煮。視個人口味搭配切成小丁的蔥花和柑橘醋一起吃。

Advice!

做法再簡單的鍋也能以各種醬料來改變味道

只有兩種材料，做法極為簡單是常夜鍋的特色，但是也可以再加入菇類或豆腐、油菜或白菜等四季不同的蔬菜。正因為是很簡單的湯品，不妨對沾醬多下一點工夫來享用。也很建議淋上滿滿的蘿蔔泥或七味辣椒粉來吃。

改變味道的醬料
· 生薑柑橘醋（P.136）
· 梅肉柑橘醋（P.136）
· 胡椒柑橘醋（P.136）
· 清爽的蘿蔔泥沾醬（P.137）
· 韓式柑橘醋（P.137）
· 蔥鹽（P.138）
· 芝麻&辣油（P.138）
· 蛋黃醬油（P.139）
· 芝麻椒生薑（P.139）
· 榨菜蔥醬（P.139）

含醣量	熱量	調理時間
4 克	474 大卡	10 分鐘

寒冷季節的招牌菜色！

鰤魚酒糟減醣湯

主角是鰤魚和蘿蔔！寒冷的季節吃點酒糟可以讓身體從骨子裡暖和起來。

材料 （1人份）

鰤魚…80克
※也可以用帶骨的魚塊或魚片

蘿蔔…100克
紅蘿蔔…1/4根
小芋頭…1個
蒟蒻絲…100克

A ┌ 綜合高湯…1又1/2杯
  │ 酒…1大匙
  └ 味醂…1大匙

B ┌ 白味噌…1大匙
  └ 酒糟…50克

做法

① 前置作業

鰤魚和小芋頭切成方便食用的大小，用削皮器將蘿蔔和紅蘿蔔削成薄片（請參考P.52）。事先汆燙蒟蒻絲，切成方便食用的大小。

② 煮

把A和小芋頭放進鍋子裡，開火，把小芋頭煮軟後，加入剩下的材料繼續煮。把鰤魚煮熟後，關火，加入用鍋子裡的湯拌開的B，再稍微攪拌一下。

如何將營養價值極高的酒糟用來做菜？

酒糟內含的膳食纖維能增加腸內的益菌，維生素B有助於養顏美容。不過如果煮過頭，會破壞酵母菌和維生素B，所以用來煮湯的時候不妨等到最後再加入。

使用帶骨的
鰤魚可以煮出
甘甜的高湯，
會變得更好吃！
……………

改變味道的醬料
芝麻味噌（P.138）
芝麻糊辣油（P.138）

含醣量
35
克

熱量
495
大卡

調理時間
20
分鐘

不容易讓血糖上升的 糯麥最適合用來減肥了！

「糯麥」與押麥一樣，都是大麥的品種。相較於黏性較弱的「押麥」，「糯麥」的黏性比較強，特徵在於充滿嚼勁的口感。還具有飽足感，含有豐富的「葡聚多醣體」，葡聚多醣體是一種膳食纖維。

葡聚多醣體有助於提升免疫力，是目前深受矚目的成分，除此之外還有持續性的飽足感，具有吃飽飯後抑制血糖值上升的作用。

根據《日本營養・糧食學會雜誌》指出，讓受試者分別吃下「含醣量50克的白米」與「白米中的糯麥比例為30%、50%、100%」煮的飯後，依照時間順序測量血糖的結果，得到「糯麥的比例愈高，血糖值愈低」的研究結果（請參考以下圖表）。

由此可知，糯麥不僅有助於健康，對於「很喜歡吃飯，可是吃飯會胖……」正以不吃主食的方式減肥的人而言，同時也是很有力的幫手。

請務必把米和糯麥混合來吃。除了可以攝取到糯麥的養分，還能增加口感，得到飽足感。

● 10位正常受試者的血糖反應

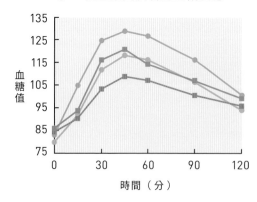

●白米100%　　●白米70%：大麥30%
■白米50%：大麥50%　　■大麥100%

血糖值

時間（分）

※出處：日本營養・糧食學會雜誌
第71集 第6號 283-288（2018）
青江誠一郎、小前幸三、井上裕、村田勇、
峰岸悠生、金本郁男、神山紀子、一之瀬靖
則、吉岡藤治、柳澤貴司（省略敬稱）
https://www.jstage.jst.go.jp/article/
jsnfs/71/6/71_283/_pdf
※左手邊的圖表直接引用刊登於上述出處的圖表，加以
著色而成。

用剩下的
食材來製作 ⸺

簡單的
配菜

※配菜的食譜皆以容易製作的份量來撰寫。

令人一吃上癮的山茼蒿沙拉

材料（1人份）

山茼蒿…1/2把
炒過的白芝麻…適量

A ｛ 雞湯粉…1/3小匙
麻油…1大匙
檸檬汁（或醋）…1/2大匙
鹽…少許

做法

1 用手摘下山茼蒿的葉子，莖切成 2公分長，泡水。

2 把瀝乾水分的①和A攪拌均勻，視個人口味撒上炒過的白芝麻。

Memo ：拌入檸檬汁（或醋），做成清淡爽口的風味。也可以不加檸檬汁，做成韓式涼拌菜，也別有另一種風味。

以風味清爽的
檸檬調味，
大口大口吃下
新鮮的山茼蒿

梅鹽麴拌蘘荷

材料（1人份）

蘘荷…3根
梅乾…1大個
鹽麴…1小匙
橄欖油…1小匙

做法

1 把蘘荷斜切成薄片。

2 取出梅乾的種籽，用菜刀拍成泥狀，與鹽麴和橄欖油攪拌均勻，再與①拌勻。

Memo 梅乾及鹽麴的含鹽量依產品而異，因此請先試一下味道，再調整要使用的份量。

鹽麴和橄欖油
圓潤溫和的風味
令人一吃上癮
·············

蠔油滷大頭菜

材料（2～3人份）

大頭菜…3小個
麻油…1大匙
蠔油…1又1/2大匙
酒…1大匙

做法

1 大頭菜帶皮切成4等分。

2 將麻油均勻地淋在鍋子裡，開火，拌炒①。加入蠔油，一邊搖晃鍋子，讓①全部吃到油。

3 加酒，蓋上鍋蓋，蒸煮到湯汁收乾。
   ※過程中要用筷子攪拌1～2次。

Memo 放涼之後再吃會更好吃。

讓大頭菜的甘甜
一下子變得
好明顯！

配菜

紅蘿蔔緞帶沙拉

材料（2～3人份）

紅蘿蔔…1小根

A
```
大蒜（磨成泥）…1/3小匙
檸檬汁…1/2大匙
※也可以用葡萄酒醋代替
橄欖油…1/2大匙
鹽…2～3小撮
胡椒…適量
荷蘭芹（切成碎末）…適量
```

做法

① 用削皮器將紅蘿蔔削成薄片，撒鹽，靜置5分鐘左右，擰乾釋出的水分。

∨∨

② 把**A**加到①裡，攪拌均勻。視個人口味撒些胡椒和荷蘭芹。

Memo
· 靜置半天到1天會更入味、更美味可口。
· 也可以在②的步驟加入些許咖哩粉或印度綜合香料等等，變化成異國風味。

削成緞帶狀，
就成了賞心悅目的
一道菜
⋯⋯

111

油泡黃豆

材料 （1人份）

蒸黃豆（或水煮黃豆）…80克

鹽昆布…4克

橄欖油…1大匙

做法

① 將蒸黃豆與鹽昆布拌勻，再均勻地淋上橄欖油。

② 在常溫下靜置5分鐘，讓黃豆入味。

Memo 正因為簡單，食材的好壞將大大地左右完成品的美味程度。只要多花一點錢，用比較好的橄欖油，就能一口氣提升美味程度。

「只要拌勻就好」的
省事配菜！

113

榨菜豆腐

材料（1人份）

豆腐…1/2塊（150克）
市售的榨菜…30克
蔥…1/3根
麻油…1/2大匙

做法

1 切碎榨菜和蔥，與麻油攪拌均勻。

2 用大一點的湯匙挖取豆腐，盛入盤中，再放上。

Memo 也可以跟豆腐麵一起盛盤，做成減肥時可以吃的麵條。

清脆爽口的口感
十分迷人
············

115

配菜

鹽麴洋蔥

材料（2～3人份）

洋蔥…1小個
鹽麴…1大匙
醋…1大匙
橄欖油…1大匙
柴魚片…適量

做法

① 洋蔥順著纖維切成薄片。如果是比較辛辣的洋蔥，請先泡水5分鐘左右，再瀝乾水分。

※如果是新採的洋蔥可以直接拿來用。

② 在①裡加入鹽麴、醋、橄欖油，用手攪拌均勻，讓食材入味。放冰箱冷藏10分鐘左右，要吃之前再撒上柴魚片。

Memo 鹽麴洋蔥放隔夜會變得更好吃。不妨一次多做一點，享受風味的變化。
※可以放冰箱保存1週左右。

洋蔥順口的
甘甜風味
很吸引人！

金平蓮藕

材料 （3人份）

蓮藕…180克
麻油…1小匙
粗粒黑胡椒…1小匙

A
醬油…1又1/2大匙
砂糖…1大匙
酒…2小匙

做法

1 蓮藕垂直地切成1公分寬、5公分長，泡水後再瀝乾水分。

2 在平底鍋裡倒入一半的麻油，開火，拌炒①，用A調味。

3 收乾水分後，均勻地倒入剩下的麻油，撒上粗粒黑胡椒。

Memo　蓮藕要直切才能留下爽脆的口感。

嗆辣的黑胡椒
為清脆爽口的口感
製造畫龍點睛的效果
……………

異國風南瓜沙拉

材料 （3～4人份）

南瓜…180克
咖哩粉…1/3小匙
※也可以用茴香籽（1/2小匙）來代替咖哩粉
橄欖油…2小匙
醋…1/2大匙
鹽…少許

做法

1. 南瓜切成薄片，並排在耐熱容器裡，均勻地淋上1大匙水（份量另計），鬆鬆地罩上一層保鮮膜，放進微波爐，加熱4～5分鐘。

2. 把平底鍋放在瓦斯爐上，開小火，為橄欖油和咖哩粉炒出香味，但是不要炒焦。

3. 稍微搗碎①，均勻地淋上②和醋，再撒點鹽，稍微攪拌一下。

異國風味不會太甜，
屬於成熟的風味

日式蔥沙拉

材料 （1人份）

大蔥…1根
橄欖油…2小匙
辣椒絲…適量

A
　昆布高湯…2大匙
　醋…1大匙
　味醂…1大匙
　鹽…1小撮

做法

① 把大蔥切成6公分長，各自劃上2道淺淺的刀痕。

② 把橄欖油倒進平底鍋裡，開火，拌炒①。

③ 把大蔥炒軟後，趁熱浸泡在A裡，放進冰箱冷藏1小時左右，在吃之前視個人口味放上辣椒絲。

Memo 因為可以久放，所以一次多做一點，可以拿來下酒或配飯，用途多多。
※可以放冰箱保存1週左右。

與葡萄酒或日本酒也很對味

配菜

日式滷蛋

材料 （3人份）

水煮蛋…3個
※煮到7～8分熟

A
┌ 醬油…2大匙
│ 味醂…1大匙
└ 砂糖…1/2大匙

做法

① **A**充分攪拌均勻，待砂糖溶解後，放進冰箱冷藏。

② 把剛煮好的蛋和①放進薄一點的塑膠袋裡，壓出空氣，封緊開口。

③ 放進冰箱，靜置20分鐘左右。

Memo 用大碗裝水，將步驟②的塑膠袋放進水裡，就能把空氣徹底地擠出來。再以少量的調味料調味。

只要用少許的醬汁
醃漬水煮蛋即可

蒸五花肉茄子千層派

材料 （3～4人份）

豬五花肉（切成薄片）…60克
茄子…1小條
番茄…1/2個

A ⎡ 柑橘醋…1大匙
  ⎢ 麻油…1/2大匙
  ⎣ 砂糖…1/2小匙

做法

① 茄子斜切成0.5公分寬，番茄切成0.5公分寬的半月形，豬肉切成便於食用的大小。

② 把①並排在耐熱容器裡，鬆鬆地罩上一層保鮮膜，放進微波爐，加熱2～3分鐘。再繼續包著保鮮膜1分鐘，利用餘熱讓①變熟。

③ 盛入盤中，把A淋在②上。

Memo 如果不使用微波爐，可以在步驟②放進蒸籠，以中火蒸7～10分鐘。

番茄的酸味
是這道菜的重點！

127

韓式涼拌豆芽高麗菜

材料（2～3人份）

豆芽菜…2/3袋
高麗菜…1/8個
鹽昆布…10克
大蒜（磨成泥）…1/2小匙
麻油…1大匙
炒過的白芝麻…適量

做法

1　高麗菜切成粗一點的細絲，與豆芽菜一起放進耐熱容器裡，用微波爐加熱2～3分鐘。

2　加入鹽昆布和大蒜、麻油攪拌均勻，再撒上炒過的白芝麻。

Memo　如果不使用微波爐，不妨在步驟①把高麗菜和豆芽菜放進平底鍋裡，開中火，蓋上鍋蓋，用燜的方式炒。

忙碌的時候

可以多加一道菜

或做成下酒菜

水菜蘿蔔生薑沙拉

材料 （1人份）

水菜…1棵
白蘿蔔…2公分
炒過的白芝麻…適量

A
橄欖油…1/2大匙
醬油…1大匙
生薑（磨成泥）…1/2小匙
砂糖…2/3小匙
醋…1/2大匙

做法

① 水菜切成4公分長，白蘿蔔切成長度跟水菜一樣的細絲，一起泡水備用。

② 將瀝乾水分的①和A攪拌均勻，撒上炒過的白芝麻。

Memo 在步驟②加入舒肥雞或鮪魚，就成了吃起來很過癮的一道菜。

清脆可口的生薑
充滿了日式風味

菠菜醬燒金針菇

材料（1人份）

菠菜…1/2把
市售的醬燒金針菇…2大匙

做法

1. 菠菜稍微用鹽汆燙一下，以冷水沖洗，再擰乾水分。

2. 切成便於食用的長度，與醬燒金針菇拌勻。

Memo 因為馬上就能搞定，在「想要多一道菜！」時非常派得上用場。也可以用油菜來代替菠菜。

汆燙過的菠菜
和醬燒金針菇
是天作之合！

柚子胡椒風味豆苗肉捲

材料 （1人份）

豆苗…1/2袋
豬五花肉（切成薄片）…3片
酒…1大匙

```
┌ 柑橘醋…1大匙
A│
└ 柚子胡椒…1/2～1小匙
```

做法

① 切掉豆苗的根部，切成3等分。用豬肉把豆苗捲起來。

② 把①並排在耐熱容器裡，均勻地淋上酒，再鬆鬆地罩上一層保鮮膜，放進微波爐，加熱1～2分鐘。

③ 繼續包著保鮮膜1分鐘，利用餘熱讓②變熟，盛入盤中，淋上**A**。

Memo 如果不使用微波爐，不妨在步驟②放進蒸籠裡，以中火蒸5分鐘左右。

微辣的柚子胡椒
十分迷人

用來改變味道的醬料

增進吃減醣湯的⋯⋯樂趣

這本書介紹的減醣湯都把湯頭調味成可以全部喝光的清淡滋味,只要有改變味道的醬料,又會變成不同的風味。請務必利用自製醬料,只要把調味料攪拌均勻即可使用,享受口味上的變化。

帶出食材美味的不敗醬料

生薑柑橘醋

柑橘醋⋯2大匙
生薑(切成細絲)⋯1片

想讓湯頭辣一點的時候

豆瓣醬蘿蔔泥柑橘醋

柑橘醋⋯2大匙
蘿蔔泥⋯2大匙
豆瓣醬⋯1/2小匙

梅子的酸味很搶戲

梅肉柑橘醋

柑橘醋⋯1大匙
梅乾⋯1個
※用菜刀拍碎
味醂⋯1大匙
白芝麻粉⋯1小匙

與煎肉或煎魚也很對味!

優格柑橘醋

柑橘醋⋯1大匙
原味優格⋯2大匙
※請選用不含糖的優格

清淡爽口的味道令人一吃上癮

胡椒柑橘醋

柑橘醋⋯2大匙
粗粒黑胡椒⋯可以多加一點

沾什麼都好吃的萬能調味料

韭菜柑橘醋

柑橘醋…2大匙
韭菜（切成碎末）…2根
辣油…適量

柑橘的香味清爽宜人

清爽的蘿蔔泥沾醬

蘿蔔泥…2大匙
白高湯…1大匙
喜歡的柑橘…2小匙
※檸檬、日本柚子、大分柑橘等等

結合了「溫和」與「嗆辣」！

柚子胡椒美乃滋柑橘醋

柑橘醋…2大匙
美乃滋…1大匙
柚子胡椒…少許

為單純的減醣湯加點刺激風味

咖哩柑橘醋

柑橘醋…2大匙
咖哩粉…少許
胡椒…少許

重點在於撲鼻而來的香味

山葵芝麻柑橘醋

柑橘醋…2大匙
麻油…1小匙
山葵泥…1/4小匙

以芝麻和大蒜增添風味！

韓式柑橘醋

柑橘醋…2大匙
韓國辣椒醬…1小匙
麻油…1小匙
白芝麻粉…2小匙
大蒜（磨成泥）…少許

充滿了異國風情

蒜味優格

原味優格…3大匙
※請選用不含糖的優格
大蒜（磨成泥）…1/4小匙
鹽…1小撮

蔥的份量因人而異

蔥鹽

醋…1又1/2大匙

麻油…1/2大匙

鹽…1小撮

蔥（切成碎末）…適量

做成日式、西式皆宜！

黃芥末沾麵醬

沾麵醬（3倍濃縮）…1/2小匙

顆粒狀的黃芥末…1大匙

用這款醬料為湯頭增添美味

芝麻味噌

味噌…2小匙

白芝麻粉…1大匙

麻油…1/2小匙

味醂…1大匙

也可以用來炒菜

芝麻&蠔油

蠔油…1小匙

白芝麻粉…1大匙

麻油…1/2大匙

醬油…1大匙

請務必使用自己磨的芝麻糊！

芝麻糊辣油

芝麻糊…1大匙 ●

醋…1大匙

醬油…1/2大匙

砂糖…1小匙

辣油…適量

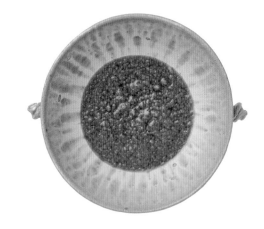

自製芝麻糊的做法

用果汁機或食物調理機打碎白芝麻粉（100克）和麻油（1大匙）。如果要做的量不多，也可以把材料放進研磨缽裡，麻油的量少一點，直接用磨的。

風味與美味俱全的萬用醬料

芝麻糊生薑

芝麻糊…1大匙

生薑（磨成泥）…適量

醬油…1大匙

醋…1大匙

砂糖…1小匙

其實也可以當成下酒菜！

榨菜蔥醬

柑橘醋…2大匙

榨菜…2大匙

蔥（切成碎末）…1大匙

麻油…1小匙

風味溫和，香氣四溢

蛋黃醬油

醬油…2大匙

蛋黃…1個

柴魚片…2克

蔥（切成蔥花）…適量

光是這樣就瀰漫著亞洲風味

異國風醬汁

醬油…1大匙

魚露…1/2大匙

辣椒醬…1小匙

大蒜（切成碎末）…1/2小匙

香菜…適量

拉丁風味的醬汁洋溢著新鮮感

莎莎醬

番茄…1/2個

洋蔥（切成碎末）…1大匙

大蒜（切成碎末）…1/2小匙

檸檬汁…1小匙

鹽…適量

最適合沾海鮮食材來吃

海苔油

橄欖油…1大匙

海苔…適量

大蒜（磨成泥）…適量

鹽…適量

讓山葵的滋味不那麼嗆鼻

橄欖油山葵鹽

橄欖油…1大匙

山葵泥…適量

鹽…適量

食材別索引

頂級黑豆

鹽麴

厚醬油

半載古法鹽麴釀
一匙厚韻黑豆香

T taste 08

晚點吃也不怕胖的瘦肚減醣湯
免精算醣分熱量×美肌纖體食材，瘦身期必備的省時美味湯品！

作　　者／高嶋純子
譯　　者／賴惠鈴
封面設計／張天薪
內文排版／關雅云
責任編輯／蕭歆儀

出　　版／境好出版事業有限公司
總 編 輯／黃文慧
主　　編／賴秉薇、蕭歆儀
行銷總監／吳孟蓉
會計行政／簡佩鈺
地　　址／10491台北市中山區松江路131-6號3樓
粉 絲 團／https://www.facebook.com/JinghaoBOOK
電　　話／(02)2516-6892
傳　　真／(02)2516-6891

發　　行／采實文化事業股份有限公司
地　　址／10457台北市中山區南京東路二段95號9樓
電　　話／(02)2511-9798 傳真／(02)2571-3298
電子信箱／acme@acmebook.com.tw
采實官網／www.acmebook.com.tw

法律顧問／第一國際法律事務所 余淑杏律師

定 價／360元
初版一刷／西元2021年12月
Printed in Taiwan
版權所有，未經同意不得重製、轉載、翻印

TEITOSHITSU! TABETE MO FUTORANAI SOKU UMA RECIPE
ZAIAKUKAN NASHI NO HITORINABE GOHAN by Junko Takashima
Copyright ©Junko Takashima, 2021
All rights reserved.
Original Japanese edition published by MIKU Publishing Inc.

Traditional Chinese translation copyright © 2021 by JingHao
Publishing Co., Ltd.
This Traditional Chinese edition published by arrangement with
MIKU Publishing Inc.,
Tokyo, through HonnoKizuna, Inc., Tokyo, and Keio Cultural
Enterprise Co., Ltd.

國家圖書館出版品預行編目(CIP)資料

晚點吃也不怕胖的瘦肚減醣湯：免精算醣分
熱量×美肌纖體食材，瘦身期必備的省時美
味湯品！/ 高嶋純子著；賴惠鈴譯.-- 初版. --
臺北市：境好出版事業有限公司出版：
采實文化事業股份有限公司發行, 2021.12
　面；　公分. -- (taste ; 8)
ISBN 978-626-7087-00-8(平裝)
1.食譜 2.健康飲食 3.減重
427.1　　　　　　　　　110019393